當成語遇到科學

史軍 / 主編

臨淵、楊嬰 / 著

 三民書局

每位孩子都應該有一粒種子

在這個世界上，有很多看似很簡單，卻很難回答的問題，比如說，什麼是科學？

什麼是科學？在我還是一個小學生的時候，科學就是科學家。

那個時候，「長大要成為科學家」是讓我自豪和驕傲的理想。每當說出這個理想的時候，大人的讚賞言語和小夥伴的崇拜目光就會一股腦的衝過來，這種感覺，讓人心裡有小小的得意。

那個時候，有一部科幻影片叫《時間隧道》。在影片中，科學家們可以把人送到很古老很古老的過去，穿越人類文明的長河，甚至回到恐龍時代。懵懂之中，我只知道那些不修邊幅、蓬頭散髮、穿著白大褂的科學家的腦子裡裝滿了智慧和瘋狂的想法，他們可以改變世界，可以創造未來。

在懵懂學童的腦海中，科學家就代表了科學。

什麼是科學？在我還是一個中學生的時候，科學就是動手實驗。

那個時候，我讀到了一本叫《神祕島》的書。書中的工程師似乎有著無限的智慧，他們憑藉自己的科學知識，不僅種出了糧食，織出了衣服，造出了炸藥，開鑿了運河，甚至還建成了電報通信系統。憑藉科學知識，他們把自己的命運牢牢的掌握在手中。

於是，我家裡的燈泡變成了燒杯，老陳醋和食用鹼在裡面愉快的冒著泡；拆解開的石英鐘永久性變成了線圈和零件，只是拿到的那兩片手錶玻璃，終究沒有變成能點燃火焰的透鏡。但我知道科學是有力量的。擁有科學知識的力量成為我嚮往的目標。

　　在朝氣蓬勃的少年心目中，科學就是改變世界的實驗。

　　什麼是科學？在我是一個研究生的時候，科學就是酷炫的觀點和理論。

　　那時的我，上過雲貴高原，下過廣西天坑，追尋騙子蘭花的足跡，探索花朵上誘騙昆蟲的精妙機關。那時的我，沉浸在達爾文、孟德爾、摩根留下的遺傳和演化理論當中，驚嘆於那些天才想法對人類認知產生的巨大影響，連吃飯的時候都在和同學討論生物演化理論，總是憧憬著有一天能在《自然》和《科學》雜誌上發表自己的科學觀點。

　　在激情青年的視野中，科學就是推動世界變革的觀點和理論。

　　直到有一天，我離開了實驗室，真正開始了自己的科普之旅，我才發現科學不僅僅是科學家才能做的事情。科學不僅僅是實驗，驗證重力規則的時候，伽利略並沒有真的站在比薩斜塔上面扔鐵球和木球；科學也不僅僅是觀點和理論，如果它們僅僅是沉睡在書本上的知識條目，對世界就毫無價值。

　　科學就在我們身邊——從廚房到果園，從煮粥洗菜到刷牙洗臉，從眼前的花草大樹到天上的日月星辰，從隨處可見的螞蟻蜜蜂到博物館裡的恐龍化石……處處少不了它。

其實，科學就是我們認識世界的方法，科學就是我們打量宇宙的眼睛，科學就是我們測量幸福的量尺。

什麼是科學？在這套叢書裡，每一位小朋友和大朋友都會找到屬於自己的答案——長著羽毛的恐龍、葉子呈現寶石般藍色的特別植物、殭屍星星和流浪星星、能從空氣中凝聚水的沙漠甲蟲、愛吃媽媽便便的小黃金鼠……都是科學表演的主角。這套書就像一袋神奇的怪味豆，只要細細品味，你就能品嚐出屬於自己的味道。

在今天的我看來，科學其實是一粒種子。

它一直都在我們的心裡，需要用好奇心和思考的雨露將它滋養，才能生根發芽。有一天，你會突然發現，它已經長大，成了可以依託的參天大樹。樹上綻放的理性之花和結出的智慧果實，就是科學給我們最大的褒獎。

編寫這套叢書時，我和這套書的每一位作者，都彷彿沿著時間線回溯，看到了年少時好奇的自己，看到了早早播種在我們心裡的那一粒科學的小種子。我想通過書告訴孩子們——科學究竟是什麼，科學家究竟在做什麼。當然，更希望能在你們心中，也埋下一粒科學的小種子。

主編　史軍

目次 CONTENTS

作繭自縛

ㄈ
ㄨˊ

蠶吐絲做成繭，把自己包在裡面。
比喻做了某件事，結果反而使自己受困；
也比喻自己給自己找麻煩。

聽到這個成語，一向默默無言、無私奉獻的蠶終於忍不住反擊了：「這真是天大的誤解！我們作繭並沒有使自己受困，相反，繭可是我們重要的保護傘！」

除非生病或者死亡，每隻蠶最終都會結出一個繭——無論是雌是雄，這是蠶的宿命。想知道這是為什麼，還要從頭說起。

蠶的一生是從卵開始的。剛出生的蠶寶寶從卵裡爬出來的時候，黑黑的，只有針眼那麼大，像極了小螞蟻，因此有人叫牠「蟻蠶」。出生大約兩小時後，蟻蠶就全身心投入到「吃飯」這件大事上了。牠晝夜不停的吃，除了蠶的標準美食——桑葉，蒲公英、榆樹葉、生菜葉、萵苣葉等二十多種植物的葉片，都在牠的菜單上。

吃得多自然長得快。蠶寶寶努力吃，長大、蛻皮、再吃、再長大、再蛻皮……如此反覆四次之後，終於到了變成蛹的時刻。

這是蠶一生中最危險的時期！雖然作為一種完全變態的昆蟲，蠶的一生需要經過「卵、幼蟲、蛹、成蟲」四個不同的時期，其間各有各的危險，但蛹期最特別，因為此時牠不但沒

有進攻能力，更沒有絲毫的防禦能力，而且因為蛹味道鮮美，以鳥兒為代表的各種動物都把牠列入了「最美味的食物」菜單……因此，蠶不得不啟動「自動保護裝置」——找一個妥善安全的位置固定好自己之後，昂起頭、胸，左右擺動，吐出絲把自己層層包裹起來，這就是我們見到的「繭」了。

　　一個蠶繭拆開的絲足有 600 ～ 900 公尺長。這種絲黏黏的，有韌性，味道不佳，但結成的繭又溫暖又舒適，可以保護蠶度過一個美好的蛹期，使牠安心的從埋頭苦吃的蠶，變成一心產子的蛾。

　　大約兩週過去了，蠶蛾吐出「溶解液」將蠶絲溶解，隨後扒開絲繭，鑽了出來。此時的牠擁有兩對翅膀，卻還不大會飛——事實上，牠也並不在意，因為牠一心一意只想著交尾產子，別說飛了，連吃喝都顧不上啦。

　　你要問牠是怎樣活下來的，嘿！你忘了蠶在幼蟲階段「快意吃喝」的生活啦？那段時間囤積的脂肪，足夠維持牠餘下短短幾天的壽命了。

鼠目寸光

古人以為老鼠只能看到一寸遠的地方。

形容目光短淺，沒有遠見。

　　老實說，鼠家族一直都十分不爽——因為自己在人類心目中的形象實在太差了！

　　瞧瞧這些成語吧，什麼「獐頭鼠目」「蠅營鼠窺」「抱頭鼠竄」「鼠目寸光」……對此，鼠族成員決定奮起反擊：「哼，你們人類知道什麼！舉個例子，『鼠目寸光』這個成語簡直就是個笑話！」

　　作為齧齒目的重要一科，鼠族極為龐大。從極地到草原到沙漠，牠們的足跡遍布地球上除南極之外的各個角落，目前已知的就有六百五十餘種成員。牠們各有各的習性和愛好，視力也大不相同。

大部分鼠族都是夜行性動物，白天睡覺（每天的睡眠時間大約為 14 個小時），晚上出來覓食——這就意味著牠們必須擁有不同尋常的優秀視力，想想看：你能在黑夜裡準確無誤的找到要吃的食物嗎？許多生活在野外的鼠族就能，牠們能看清幾十公尺之外的移動物體。

　　當然，牠們的視力確實和同是哺乳動物的人類大不一樣。比如，牠們和狗一樣，基本是色盲，對於明亮的物體能迅速反應，面對五彩繽紛的顏色卻無可奈何。在牠們眼中，世界幾乎只有灰色和白色兩種顏色，這也是人們喜歡給老鼠藥之類的藥物加上鮮亮顏色的原因——反正吃這東西的傢伙也看不見！

　　哦，也許你會說，這兒的「鼠目寸光」指的不是野鼠，是家鼠，是那種常常在家裡

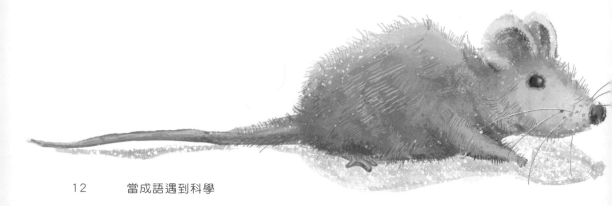

出現的偷吃老鼠，家庭的「編外人員」。沒錯，這類老鼠因為常年待在人類狹窄的屋子裡，視力得不到更好的鍛鍊，自然會差一點兒，但絕不至於只有「寸光」。據科學家研究發現，牠們對光線還是很敏感的，即使在黑暗的地方，也能看見十公尺以內的移動物體。

更重要的是，除了視力，鼠族還有其他超級能力護身，比如聽覺、嗅覺、味覺、觸覺，以及平衡能力都極為驚人。而綜合能力的強大，正是鼠族興旺的重要原因之一。

現在，你是不是對鼠族刮目相看，準備認真研究、「批判」一下其他和老鼠相關的成語了呢？若是這樣，鼠族全體成員一定會為你熱烈鼓掌。

曇花一現

曇花非常美麗，但是開放的時間很短。
比喻美好的事物或景象出現了一下，
很快就消失。

曇花可以說是最美麗、最神祕的植物之一。關於它，人們最津津樂道的是一個哀婉的傳說。

　　傳說，曇花原是一位花神，她每天都開放，風姿美好，無憂無慮。後來，她和一個每天為她澆水鋤草的小伙子相愛了。玉皇大帝知道之後，這位以「拆姻緣」為重點工作內容之一的神仙大發雷霆，不僅狠狠懲罰了曇花花神，每年只准她開放一瞬間，還把小伙子送去靈鷲山出家，賜名韋馱。韋馱後來潛心修行，忘記了之前和花神所有的感情，然而花神卻忘不了自己的愛人。她知道每年暮春時分，韋馱尊者都會上山採春露，為佛祖煎茶，就特意等到那時開花，希望韋馱再次見到開放的花朵，能認出她。遺憾的是，春去春來，花開花謝，韋馱一直都沒有認出她來……

　　幸運的是，事實並沒有這麼令人傷感。曇花「一現」和它的原生地有關。

　　曇花的祖籍是美洲墨西哥熱帶沙漠地區，那個地方又熱又乾燥。為了能在這種嚴酷的環境中生存下去，植物們無不各顯其能──它們中的絕大多數都放棄了白天開

花，曇花也不例外。為了盡量減少水分的蒸發，它的葉子早已漸漸退化，身體（莖）也變得又扁又平，這樣既能「存水」，又能進行光合作用（和其他仙人掌科的植物，比如仙人掌、巨人柱一樣）；至於開花時間更是選擇在了晚上的八九點鐘。原因很簡單，這裡白天太熱、深夜太冷，唯有此時的氣溫和溼度最合適。更妙的是，這時候同樣也是那些怕熱又怕冷的夜行飛蛾、蝙蝠們最喜愛的活動時間。

於是，曇花就在這個時刻綻開玉一樣白（在黑夜中特別顯眼）、又大又嬌嫩的花瓣，同時釋放出了濃烈的香味，向那些可愛的授粉使者們發出了「邀請函」：「親愛的朋友們，這兒有最甜的花蜜哦，快來吧！過時不候！」久而久之，這最終成了曇花的生物鐘。

在所有生物體內都有「生物鐘」，我們體內的生物鐘決定了我們什麼時候睡覺、吃飯，而植物的生物鐘不僅決定了香味和花蜜的產生、樹根汁液的分泌、樹葉的休眠，還控制了花兒的開放時間──當然，生物鐘也是由長期的演化機制決定的，不同地區的溫度、溼度、光照等不同，因此同一種花兒也可能在不同時間開放。據此，人們現在已經可以選擇讓曇花開放的時間啦！

斗折蛇行

出自唐代柳宗元〈永州八記・小石潭記〉，
意思是像北斗七星一樣曲折，像蛇爬行時一樣彎曲，
形容道路曲折蜿蜒。

蛇的主要特點之一就是脊椎數目多，一般有 160 個以上，甚至可到 400 個以上。

如果我們有一雙透視眼，可以看清蛇的身體，就會發現蛇的背部脊椎骨隨著整個身軀延伸發展。牠沒有前肢與後肢，也沒有肩部與臀部的骨頭，上百根纖細的肋骨貼附在脊椎骨上。蛇的骨骼間的連接鬆弛且不緊密，這些都有利於牠的身體彎曲以及捲繞。

只有蛇，才知道自己擁有多高的行走技藝。

你、我、他作為人類，在「行走」這件事上，和蛇根本沒法比。雖然牠們的身體像一根光禿禿的棍子，沒有胸骨，沒有四肢，沒有翅膀，但這並不妨礙牠們自由縱橫於大自然之間——從茂密的草叢到高高的樹枝，從鬆軟的沙漠到溼滑的水底，從平坦地面到懸崖峭壁，蛇族成員大多來去自如，而且速度奇快（目前已知的最高時速為 11 公里）。如果樂意，牠們還可以把身體盤繞起來，甚至打幾個結——而且，即使如此，也不會影響牠們行走。

更有趣的是，蛇的行走方式並不是固定的，更不都是「曲折」的，比如，牠們完全可以直線爬行。而且，不同種類的蛇也有著自己的行走偏好。科學家經過仔細觀察，把牠們的行走方式分成四種：蜿蜒爬行、收縮前進、直線爬行、側繞行進。

其中，蜿蜒爬行是蛇族（尤其是中小型蛇）最熱衷的。換句話說，牠們走的是「S」形路線，先從脖子開始，有規律的收放全身的肌肉，緩緩的把身體左右搖擺，像波浪一般前進。

棲息在洞穴中的蛇類則會偏向於收縮前進——身體的後半部先彎曲收縮成許多段，再像錨一樣固定住，蛇頭和身體前段再向前伸張。等身體完全伸直後，再一次彎曲、收縮、伸直，如此重複就可以前進了。

直線爬行和毛毛蟲的爬行方式很像，主要以腹部的鱗片為支撐點，再以體側的肌肉收縮前進，雖然緩慢，但不容易驚動獵物。因此這種方式被「有恃無恐」、體型龐大的蟒蛇廣泛採用。

側繞行進和收縮前進差不多，不過，主要是部分身體與地面接觸，這可以避免被灼熱的地面燙傷，是沙地蛇類最喜歡的行走方式。

當然了，蛇族才不會這麼教條主義，一種蛇不會一輩子都固守一種行走方式。怎麼走，如何走，走多快，牠們會聰明的根據需要隨機調節呢。

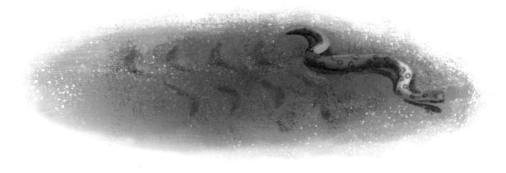

藕斷絲連

出自唐朝詩人孟郊的〈去婦〉詩：

「妾心藕中絲，雖斷猶牽連。」是說藕已折斷，

但還有許多絲連接著未斷開。

比喻表面上斷了關係，實際上仍有牽連。

還有比蓮更奇妙的植物嗎？它生在水中，長在水中，死在水中，露出水面的只有長長的花柄、葉柄、花和葉子；它的莖埋在水底的淤泥中，一節一節的，各節之間生長著蓮的鬚根、葉柄或花柄，這個地下莖的名字就叫作藕。

　　如果把藕折斷，斷藕之間一定會出現無數條相連的白色藕絲，把斷藕拿遠一點，絲也相應的被拉長了。一般情況下，距離拉長到 10 公分左右時，兩截斷藕才會澈底分離呢。

　　事實上，不光是藕裡，就連在蓮的葉柄、花柄裡，也有很多這種細細的絲。

　　很顯然，這種絲並不是蓮或藕「情誼深長」的表現，它們的出現是有原因的。

和動物一樣，植物的生長也需要養分和水分，自然也需要運輸它們的組織——在植物體內，這些組織是由很多空心的細管組成的，它們在葉、莖、花、果等器官中四通八達，就像我們人體內的血管一樣暢通無阻。

　　不過，不同的植物，其組織的組成以及組合方式並不一樣。構成這些細管的細胞，有的是平面垂直排列的，有的是一圈圈環繞圍著的，而蓮的組織卻呈螺旋狀排列。如果我們把蓮的細管組織系統放大來看，它們的形狀簡直和拉力器的彈簧一模一樣。

　　因此，當我們把藕、葉柄和花柄折斷時，它們呈螺旋狀的細管並沒有斷，只是像彈簧那樣被拉長了，於是就出現了很多長長的細絲。當然，如果你用刀砍斷藕或葉柄，就只能在切口上看到這些細絲啦——斷藕們早已「黯然分離」，這是因為它們之間的連鎖被破壞了，就像彈簧被鉸斷了一樣。

蛛絲馬跡

從掛下來的蜘蛛絲可以找到蜘蛛的所在，
從灶馬（一種昆蟲）爬過留下的痕跡可以查出灶馬的去向。
比喻事物留下的隱約可尋之痕跡與線索。

目前，地球上已知的蜘蛛有三萬七千五百多種，牠們是地球上最古老的動物之一——科學家已經找到了生活在大約三億八千萬年前蜘蛛的化石。

蜘蛛在地球上的生活範圍十分廣闊，從平原到山林，牠們無所不在。蜘蛛生活的地方，大多會有蛛絲留下。大多數蜘蛛都是名副其實的吐絲高手，牠們用蛛絲保護孩子，用蛛絲幫助自己搬家，用蛛絲捕獵……

事實上，就在牠們剛剛從卵裡孵化出來沒多久，已經開始嘗試著吐絲了。有的小蜘蛛甚至可以利用蛛絲和風漂洋過海，到幾千公里以外的地方去。

在這些「吐絲高手」的腹部末端，一般有三對細孔，牠們體內產生的液態纖維蛋白就從這些細孔噴出，一遇空氣，立即凝固成絲。

然而，這些絲並不一樣。雖然它們看起來很相似，並且它們的主要組成部分也都是各式各樣複雜的蛋白質，但蛋白質的具體種類取決於是哪種蜘蛛吐的，以及牠想吐的是什麼絲——這令渴望模擬出蜘蛛絲的科學家非常頭疼。

　　就我們目前所知道的，蜘蛛至少能吐三種不同的絲。

　　當牠要到別處去時，牠吐出的絲，其強度可與尼龍線媲美，但彈性是尼龍線的兩倍。

　　當成語遇到科學

如果計劃織網捕獵，牠又會吐出一種鋼鐵一樣堅硬的牽引絲來做框架。在框架上，牠還能吐出一種黏黏的捕獵絲──如果把這種絲放到顯微鏡下，我們會發現它是由一些膠液小滴組成的液體串，滴液內有被捲成電話線一樣的螺旋絲。當昆蟲撞上網時，捲起的絲伸開，緩衝了衝力；當昆蟲停止掙扎時，絲又重新捲起來。

　　還有的蛛絲能反射紫外線，引誘蟲子上當，就像某些花也會反射紫外線，吸引昆蟲來傳粉。

　　哦，還有件事你也許不知道：並不只有會織網的蜘蛛才會吐絲。科學家發現狼蛛──這種不住在網上，而是住在洞穴裡的動物，腳的末端也有吐絲管，也能吐出絲。

金蟬脫殼 ㄎㄜˊ

原是一種生物現象，指蟬的幼蟲變成成蟲時脫去身上的殼。比喻用計脫身，不讓對方察覺。

知了，學名叫作「蟬」。無論是在戰場上還是生活中，一旦遇到難以對付的危機，總有人喜歡學習「蟬」，來一招「金蟬脫殼」，溜之大吉。可你是否知道，蟬脫殼是何等不容易，又是何等「慘烈」！

　　蟬的一生，是從卵開始的。不過，當牠從卵裡孵化出來，變成「若蟲」（知了的幼蟲）之後，漫長的一生才算正式開始。

　　若蟲們一定要鑽到地下，牠們最短的要在地下生活 2 ～ 3 年，一般為 4 ～ 5 年，最長的要待 17 年之久。長期在地下生活，雖然四周黑漆漆的，但由於冬暖夏涼，且很少有天敵來威脅，又有樹木根部的液體可供飲用，若蟲的生活還是挺自在的。牠們要面臨的最大危險是在經過差不多 4 次蛻皮後，鑽出地面，爬上樹枝進行最後一次蛻皮的時刻。

　　即使若蟲們小心翼翼的選擇了合適的溫度、溼度（最佳時機是麥收季節，下過雨後，土壤鬆軟，很容易鑽出來），但丟

命的可能性還是無處不在。畢竟，此刻是牠們身體最柔弱的時候，無數鳥兒、家禽，甚至人類，都拿牠們當成美味佳餚。

　　天黑了，若蟲終於成功爬到了灌木叢上，準備蛻皮了。這個過程一般需要一個小時左右。首先，牠背上出現一條黑色的裂縫，接著開始慢慢自行解脫，就像從一副盔甲中爬出來。當若蟲的上半身獲得自由後，牠會倒掛著展開自己的翅膀——這個階段極為重要，如果受到干擾，這隻可憐的知了將終生殘疾，也許根本無法起飛了。如果這次蛻皮過程夠幸運，牠的翅膀會慢慢變硬，並從淡綠色變成深褐色，然後牠展開雙翼，飛走了，開始為期約一個月的戀愛、生子，然後死亡。至於殼，就留在了那兒……

緣木求魚

爬到樹上去找魚。
比喻方向或辦法錯誤，
不可能達到目的。

「緣木求魚」這個成語，是中國了不起的思想家孟子提出來的。他告訴梁惠王，如果解決問題的方法錯了，就像爬到樹上去找魚，事兒就別想辦成。

不過，我相信，有「亞聖」之稱的孟子，很可能根本沒去過中國南方的紅樹林溼地地區。事實上，魚是完全有可能離開水的，也是可以上樹的，只要牠是彈塗魚！

彈塗魚是一種神奇的魚。牠頭部像青蛙，身體像鱔魚，體型嬌小，具有特殊的保護色。牠能在陸地上捕食、求偶以及守衛領土，當然，也包括上樹。彈塗魚上的樹大多屬於紅樹林，因為牠主要生活在紅樹林中。而上樹的目的主要是覓食——以蚊子為代表的昆蟲正是牠的美食之一。

彈塗魚從來都不怕離開水，牠經歷了一系列特殊的進化過程，也因此擁有了很多特別的結構。比如，牠有一對向外突出的大眼睛，在空中視力比較好，在水中的視力卻已經退化；而只要保持身體溼潤（所以，牠不會離開水太久，畢竟牠也是魚啊），就連皮膚、口腔內壁以及咽喉都能呼吸，簡直是能「魚」所不能。

　　大力支持彈塗魚上樹的，是牠擁有的那對大大的胸鰭，它們結實又有力，而且連接在一起，就像兩隻「腳」一樣。利用這對胸鰭，彈塗魚在陸地上既能走，又能爬，還能跳躍，至於上樹更是易如反掌。等漲潮的時候（一來可以借水的力少爬一段樹，二來可以避開水──被水淹久了，牠會被淹死的），只需用有力的胸鰭抓住樹幹，用尾巴保持平衡，牠就可以不疾不徐的抓住樹幹攀緣而上啦。選好地點之後，彈塗魚再用演變成吸盤的腹鰭吸附在樹幹上，靜靜等待昆蟲的到來。

　　此時，彈塗魚最大的期盼就是蟲兒們快快飛來。因為牠只能離開水四十分鐘左右，就必須再次回到水中去了。

如蠅逐臭

逐，追趕。像蒼蠅追逐有臭味的東西一樣。形容追求醜惡事物或趨炎附勢。

　　世界上有多少種蠅？說出來大概會嚇你一跳——足足接近三千種！牠們有的偏好花蜜，有的愛吃水果，還有的，呃，說出來真噁心，牠們經常在糞堆上聚餐，大開party。

　　這種惡趣味的蠅主要是蒼蠅。作為當仁不讓的「逐臭精英」，牠們的一生，無時無刻不與臭味為伴。可以說，凡是散發著臭味的地方，比如便便，比如垃圾堆，幾乎都有牠們流連忘返的身影。

　　糞堆尤其是牠們的摯愛。在蒼蠅的世界裡，似乎有這麼個不成文的規定，即「一個好的蒼蠅老媽，必須能為孩子找到便便」。因此，牠們常常伸出產卵器在便便裡產卵，然後就放心的撒手不管了。

當然，孩子們也不會讓老媽失望。如果沒有出什麼意外，只要牠們從卵裡爬出來，就無師自通的在糞堆裡鑽來鑽去，吞食著細菌菌體，從中吸取營養——新鮮便便中除了水和沒有消化的食物殘渣，剩下的主要是含有大量蛋白質、脂肪和醣的菌體——對蒼蠅來說，這些都是美味的營養品。因為有充足的營養供應，幼蟲迅速長大，然後變成了細長筒狀的蛹。幾天之後，蛹皮破裂，新一代蒼蠅誕生了！

　　新一代蒼蠅繼續在腐爛惡臭的垃圾中生活，便便、腐爛的水果、腐肉以及其他昆蟲的屍體，都是牠的最愛。靠著靈敏的嗅覺，牠能準確的通過臭味定位，然後毫不客氣的一邊吃一邊吐出消化液，以溶解固體食物，方便牠大吸特吸。

　　到了可以結婚的年紀，蒼蠅會積極尋找配偶，然後懷孕生子。蒼蠅老媽會把卵寶寶生在哪裡？毫無疑問，依然是臭烘烘的便便上。

　　說到這兒，你是不是已經覺得蒼蠅又髒又噁心，希望把牠們消滅得一乾二淨？千萬不要！牠們雖然會傳播疾病（比如傷寒、霍亂），但是，在生態系統中扮演著「分解者」的重要角色，同時還是很多動物的食物。沒有牠們，咱們的地球上可就少了有趣的一環。

蠶食鯨吞

比喻用各種方式侵占吞併。

像鯨吞食那樣一下子吞併。

像蠶吃桑葉那樣一點一點的吃掉，

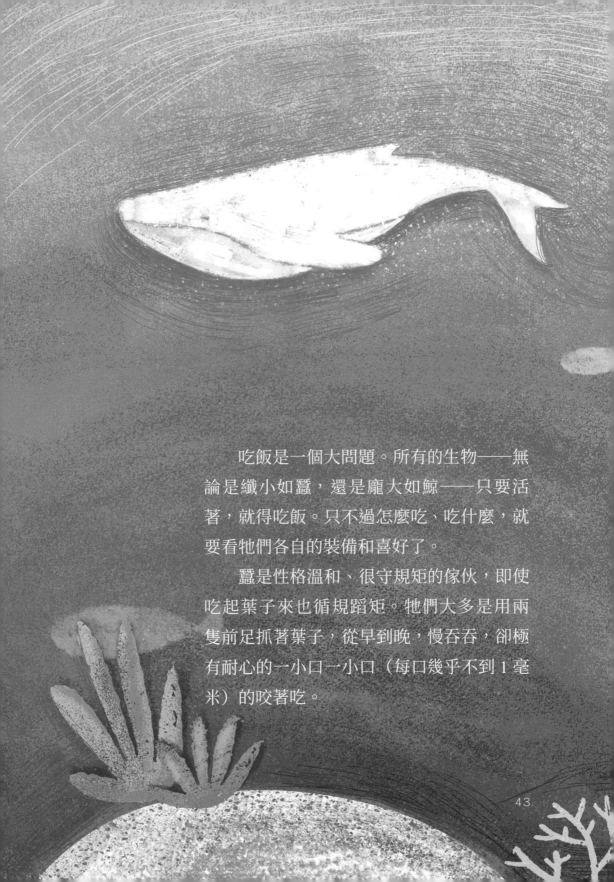

吃飯是一個大問題。所有的生物——無論是纖小如蠶，還是龐大如鯨——只要活著，就得吃飯。只不過怎麼吃、吃什麼，就要看牠們各自的裝備和喜好了。

蠶是性格溫和、很守規矩的傢伙，即使吃起葉子來也循規蹈矩。牠們大多是用兩隻前足抓著葉子，從早到晚，慢吞吞，卻極有耐心的一小口一小口（每口幾乎不到 1 毫米）的咬著吃。

鯨呢，屬於一個超級家族，每一種成員都有自己覓食的「獨門絕技」。鬚鯨，顧名思義，捕食裝備就是牠的鯨鬚了。雖然鬚鯨們的飲食愛好不同，有的愛吃磷蝦，有的愛吃小魚，但牠們吃起東西來都是狼吞虎嚥的——張開大嘴，一口吞下近一噸重的海水，然後閉上嘴巴，水漏出，食物則被鯨鬚擋住統統留下。塞了滿滿一嘴巴，舌頭一捲，就滿足的吃進肚子啦。

　　齒鯨作為鯨的另一大家族成員，進食依靠的則是牙齒。齒鯨的牙齒不像人類的牙齒，有門

　當成語遇到科學

齒、犬齒、臼齒之分，牠們每顆牙的形狀
都差不多（但不同種類的齒鯨，牙齒形狀
也不一樣），這是因為牠們的牙齒並不用
來咀嚼食物，而是用來捕獵的。比如虎鯨，
牠的上、下顎各有 10 ～ 14 對大而尖銳的
牙齒，如果咬住的話，這些牙齒就會交錯
在一起，很迅速的從獵物身上撕下一大塊
肉！靠著這些牙齒，虎鯨常常潛入水中，
偷偷接近獵物（海豹之類），在獵物尚未
發現之時，突然發動襲擊，用長滿牙齒的
嘴巴狠狠咬過去，十之八九都會成功哦。

張牙舞爪

形容猛獸凶惡可怕，
也形容猖狂凶惡的樣子。

看到「張牙舞爪」這個成語，是不是第一感覺就覺得好兇惡？

實在是因為在動物界，有一個最暢行無阻的潛規則：優勝劣敗、弱肉強食。所以，每一種動物能夠存活下來，都必須擁有自己的武器。經過漫長的不斷演化，牙齒和爪子成為其中重要的兩種武器。

牙齒很可能是動物的首選，有時也可能是某些動物唯一的武器。很多食肉動物，比如鯊魚、鱷魚、獅子、老虎等，都擁有鋒利的牙齒。對於牠們來說，可能只需輕輕一口，就能殺死對手。

以醜聞名的疣豬就是如此。牠的獠牙又長又大又彎，是進攻和防守的利器。即使剽悍的獵豹，碰上疣豬的獠牙，往往也不是對手。

還有些動物，牙齒可以釋放毒液，比如響尾蛇。牠擁有兩顆空心的牙，又長又尖，就長在上顎前方，連著分泌毒液的腺體。平時，這對毒牙藏在響尾蛇的上顎中，一旦遇到獵物，響尾蛇就會像閃電一樣躥過去，迅速彈出毒牙，一口咬住獵物的脖子。同時，牠還會猛烈的擠壓毒腺，像打針一樣，把毒液沿著管狀的毒牙注射到獵物的身體裡……獵物很快就會死於非命了。

「吃素」的動物，也有用牙齒作為武器的，比如大象。除了亞洲母象，所有的大象都有一對獠牙。這對獠牙是由門牙長成的，銳利又堅固，只要大象活著，這對牙齒就會不斷的生長，而且不會脫落。因此，大象的牙齒可以長得很長。大象用它們挖樹根、剖果實，甚至和敵人打架！如果惹惱了牠，牠就用這對獠牙在對方身上捅兩個窟窿。

　　當然，爪子也是動物（尤其是很多「吃葷」的鳥兒）最善於利用的武器。這些鳥兒大多有一雙尖利彎曲的爪子，比如老鷹，牠們可以精確的抓住獵物，並將之撕成碎片。

　　熊科動物的爪子永遠外露，這是因為爪子是牠們爬樹、覓食時的必備工具；而貓科動物只有捕獵時才會伸出利爪，平時爪子都縮起來，這樣才能夠在走路時無聲無息，殺敵人一個措手不及。獵豹更是特別，牠的爪子只能半伸縮，奔跑時像穿著釘鞋一樣，所以可以跑得特別快，有時跑著跑著甚至會超過獵物，還得急剎車，轉身堵住逃跑的獵物。

鳩占鵲巢

ㄐㄧㄡ

也作「鳩奪鵲巢」、「鵲巢鳩占」、「鳩僭鵲巢」，
中國古代《詩經》中有「維鵲有巢，維鳩居之」的詩句，
後來比喻強占別人的地方或位置。

這麼多年來，每次說到「鳩占鵲巢」，人們常常會把斑鳩拉出來狠狠批評一番。斑鳩委屈極了：我們才不會搶別人的家，我們其實是會蓋房的！

　　一直以來，斑鳩爸爸和斑鳩媽媽走的都是「低調路線」。牠們終年生活在同一個地方，從不張揚——身披灰褐色的羽毛，體型嬌小，不太喜歡鳴叫，性格也很溫順。每到繁殖季節，斑鳩爸爸和斑鳩媽媽就會聯合起來，叼來枯枝和雜草，在樹上搭建一個屬於自己的家。這個家像個平臺一樣，又簡單又粗糙，但「金窩銀窩不如自己的草窩」，斑鳩爸爸媽媽還是很喜歡自己親手搭建的巢的。在繁殖期，牠們總是待在自己的小巢裡，輪流孵蛋，照顧小寶寶。而牠們建巢選址的首要條件就是要特別特別隱蔽！因為斑鳩不喜歡嘰嘰喳喳個沒完，比較難注意到。也許因為這個原因，很少有人見過牠們的家，還以為牠們不會蓋房呢。

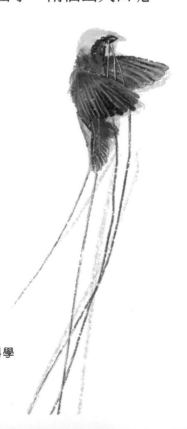

　而喜鵲呢，體態風流的牠們不僅會「報喜」，更是鳥類中多才多藝的建築師和做巢愛好者（牠們有營疑巢的習慣——就是多建幾個巢，藉以迷惑敵人）。喜鵲做的巢，雖然外表看起來是一個由枯枝疊成的「大球」，可是內有乾坤。

　原來，牠們在巢外面用了許多比較粗的樹枝（有的喜鵲還會選用鐵絲）架疊，裡面用的是比較細的樹枝和草莖，巢內竟然還塗了灰泥，鋪了用羽毛、麻類、獸毛或苔蘚等做的「地毯」，真是溫馨又舒適。更讓人嘖嘖稱奇的是，喜鵲還用枝條編成了「屋頂」，還在側壁留了一兩個出入口呢。

不過，和很多鳥兒一樣，喜鵲這麼精巧的巢主要是用來戀愛、生子、照顧鳥寶寶的。一般來講，喜鵲寶寶離家之時，也就是鳥巢結束使命的時候。不再需要巢穴的喜鵲，白天成群結隊的覓食，晚上則停在高大喬木的頂端休息，這樣對牠們來說更安全！

　　喜鵲放棄了自己的巢，完全棄置不用的話，實在浪費，因此有些動物，比如紅腳隼、蒼鷹、麻雀等，就不客氣的占用了！最後悄悄告訴你，這些傢伙占用了喜鵲巢之後，還會根據需要再次「裝修」一番呢。

狡兔三窟

狡猾的兔子有三個藏身的窩。
比喻人為了自身安全而設有多處藏身的地方，
也指多種避禍的策略。

沒錯，兔子們向來都是安靜又溫順的。
牠們沒有尖牙，沒有利爪，沒有厚甲，沒
有毒液。牠們處於食物鏈的較低端，隨時面
臨著丟掉性命的危險，太多的肉食者——狐
狸、蛇、老鷹、鼬鼠等都吃兔子。可是，兔
子家族的成員依然活躍在地球上除南極以外
的各個地方。

　　原因只有一個：牠們有豐富的生存謀
略！

　　比如，優秀的自身裝備（比如長耳朵）、
謹慎的性格（白天休息，晚上活動）、極其
驚人的繁殖力……穴兔還有了不起的挖洞能
力。

　　穴兔們外表普通，毛色大都接近土色或
灰褐色，是唯一種被馴化的兔子，也是標
準的挖地洞愛好者（記住，並不是所有的兔
子都會挖地洞，野兔就不行。牠們生活在地
面上，有時會在狐狸、老鼠等動物的棄巢裡
或岩石下藏身），也許牠們剛剛學會到處跑
的時候，就開始了挖洞生活。

穴兔們的家大多由母兔來選擇地點和建造——為孩子尋覓一個安全的住所，大約是所有母親的本能。母兔們在懷孕後，尤其熱衷於前後爪並用，挖一個舒服的育嬰室。穴兔是群居主義者，兔子們一起生活，大家挖好的洞穴帶著彎彎曲曲的地道，幾乎道道相通，而且通道大多很窄，僅夠一隻兔子通過。地位最高的公兔和數隻母兔住在中心位置，地位較低的公兔們住在周圍，牠們共同維護領土的安全和完整。

這個大家園有很多個出口和入口，是穴兔們最可靠的保護傘。傍晚或黎明時分，牠們常常跑出來，在附近吃草，或追逐打鬧。一旦有風吹草動，或敵人企圖靠近，膽小謹慎的穴兔們就迅速跳回洞穴裡。這樣一來，即使敵人無意中發現了地下迷宮，很可能也是「進不來，出不去」或者「進得來，出不去」……萬一僥倖找到出口，保證眼也花了，腿也酸了，肚子更瘓了。而穴兔呢？早不知道跑到哪兒去啦！

螟蛉之子

ㄇㄧㄥˊ

螟蛉是一種綠色的蟲子，螟蛉之子即義子，俗話指乾兒子、乾女兒。

古人以為蜾蠃（ㄍㄨㄛˇ ㄌㄨㄛˇ）不能交配產子，沒有後代，於是捕捉螟蛉來當作義子餵養。後人將被人收養的義子稱為螟蛉之子。

西漢時期的文學家揚雄記載過一個故事：蜾蠃不會生孩子，於是，牠就把螟蛉的幼蟲抓回來藏在家裡，細心照顧牠，並且經常對牠說：「像我，像我……」七天之後，螟蛉幼蟲就變成了蜾蠃的樣子，成為牠的孩子。

揚雄的這個故事聽起來是不是很溫情又很浪漫？它流傳已久，一直到現在，咱們還有「螟蛉之子」的說法。

然而，事實不僅不那麼美好，還帶著一點點血腥。

原來，蜾蠃是一種寄生蜂，屬於胡蜂科，腰很細，身體有黑色和黃色的條紋，無比熱愛獨居生活。到準備生孩子的時候，蜾蠃媽媽就忙得要死：首先，牠要找一個隱蔽的地方，比如樹枝上、不起眼的樹幹邊，或者石壁上，甚至某個角落……然後找到泥土，吐「口水」、和泥，再把費盡心思弄好的、溼漉漉的泥球抱回來，一點一點的像砌牆一樣，做出一個像泥壺一樣的巢，裡面還有好幾個「房間」哦，所以蜾蠃還有個外號「泥壺蜂」。在每一個「房間」裡，蜾蠃媽媽都會產一個卵。可是孩子孵出來之後吃什麼呢？

螺贏媽媽沒有奶，也不會給孩子送飯，牠的辦法直接、簡單、粗暴，但卻有效——收「乾兒子」去，爭取每個房間裡都給孩子放幾條「乾哥們兒」！螺贏媽媽四處尋找，活生生的螟蛉幼蟲是最佳選擇。這些小青蟲又肥又嫩，是上好的「綠色食品」！

　　為了確保「乾兒子」不亂跑，且能保持營養狀態，螺贏媽媽在找到螟蛉幼蟲時，會用毒針刺牠的頭，給牠做個麻醉手術，確定牠不死也不能動，也就是傳說的「活而不動」；然後再把牠放到自己的孩子身邊；最後封口，離開。自此不管不問，繼續獨自逍遙……

　　而螺贏媽媽的親生孩子也不在乎。等牠們從卵裡孵出來之後，嘴邊就是最新鮮的食物，足夠牠們吃到長成一個小螺贏！至於覓食、做巢等本領，早就刻在牠們的基因裡，根本不用拜師學藝。

囊螢映雪

夏夜把螢火蟲裝在絹袋裡照明讀書；
冬天坐在雪堆旁，借其反射的微光照映念書。
形容想方設法勤學苦讀。

在古人的心目中，螢火蟲的誕生，是一個和夏天有關的、有趣又浪漫的故事。他們發現，每到夏天的夜晚，亂草堆裡總會飛出一隻隻會一閃一閃發光的小蟲子，就想當然的認為這些螢火蟲是腐爛的草變成的。當然，現在你一定知道了，作為一隻地地道道的昆蟲，螢火蟲一定不會是草變成的。那牠又是怎麼來的呢？

螢火蟲當然是螢火蟲媽媽生下來的。每年夏天，螢火蟲爸爸和螢火蟲媽媽結婚後不久，準媽媽就開始產卵啦。由於種類不同，螢火蟲準媽媽們對產房的要求也不一樣：有的覺得水邊陰暗潮溼的苔蘚是最佳選擇；有的認為雜草、樹蔭下或石頭下的陰暗處個個都很棒……而且，不同種類的準媽媽生下的卵大小不一，數量也有多有少，但差不多都是小小的、圓圓的，像一個個迷你版的「乒乓球」。如果沒有遭遇意外，10 ～ 20 天之後，這些卵就開始發出淡淡的螢光，表示「殺手即將誕生」！

　當成語遇到科學

猜猜看，孵出來的這些「小殺手」，是會飛的螢火蟲嗎？

　　當然還不是啦！

　　破卵而出的只是一隻隻幼蟲，模樣有點像毛毛蟲。在接下來長達 8 ～ 10 個月的時間裡，牠們的主要工作就是蛻皮、躲避敵人以及捕獵——因為牠們又兇又狠還有毒，所以能殺死蚯蚓、比牠個頭還大的蝸牛和蛞蝓。

經過幾次蛻皮後，幼蟲一點點長大。最後，牠們會找個隱蔽的地方，比如鬆軟的岩穴或土縫藏起來，並在那裡變身為蛹。

這個時間不會很長。很快，牠們將破蛹而出，變成一隻隻真正的、會飛的螢火蟲，在黑夜裡發出忽明忽暗的光，好像夜的天穹漏下的星光，美得令人驚嘆！

在我們的眼裡，螢火蟲們又浪漫又富有情調。可事實上，牠們忙得餓了也只是吸食一點花蜜或露水，因為牠們剩下的壽命可能還不到兩週，卻有好多事要做，比如躲避掠食者，用發光來吸引異性，然後結婚、生育後代⋯⋯

說到這兒，你是不是也很想親眼看看螢火蟲，觀察一下牠們的生活？其實，在二三十年前，螢火蟲還是很常見的。現在之所以越來越少了，罪魁禍首還是人類自己。人們在發展經濟的時候，破壞了自然，汙染了環境，而螢火蟲對環境非常敏感，只要有一點點汙染就會死亡⋯⋯

所以說，要想繼續看到這些可愛的昆蟲，我們一定要做到「保護環境，從我做起」。

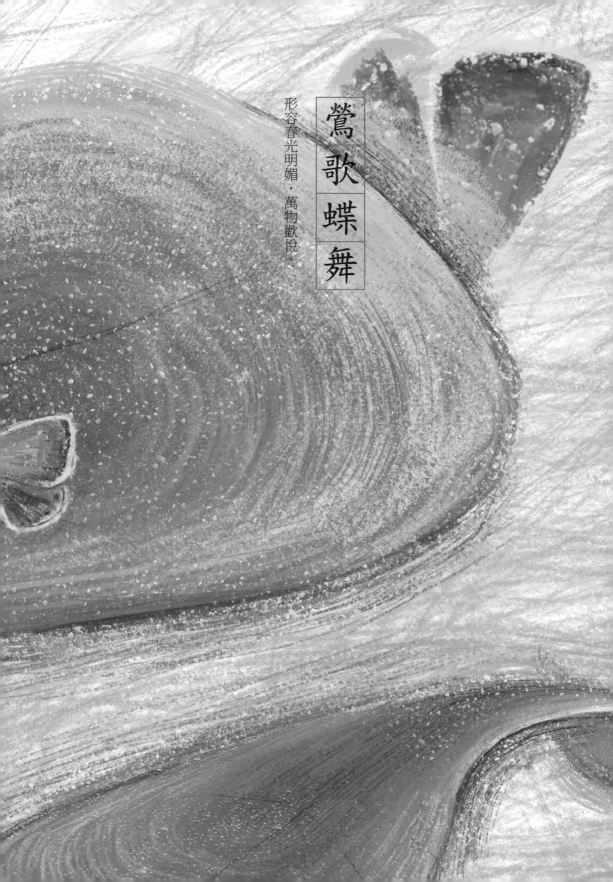

鶯歌蝶舞

形容春光明媚，萬物歡悅。

誰會不喜歡溫柔可愛的春天呢？想想看，到處是嫩綠的新葉，含羞帶笑的花朵……當然，最美好的還有一隻隻穿著漂亮花裙子的蝴蝶，在鮮花叢中自由飛舞，動作輕盈又好看。有很多女孩子都會說「真想變成一隻蝴蝶」。不過看起來很美的蝴蝶，牠們的生活卻絕對沒有那麼愜意哦。

和所有的昆蟲一樣，蝴蝶的一生也是從卵開始的。牠們經歷了危機重重的卵期、幼蟲期和蛹期，在成功化蝶之後，生活空間一下子變大了很多，然而幸福指數卻未必同樣增加。

首先，蝴蝶根本沒有家，或者說牠們四海為家。蝴蝶們常常一大早就起床了，曬曬太陽，做做早操，伸展伸展翅膀，開始一天的生活。大部分蝴蝶，上午喜歡採蜜、吸水、求偶、產卵、打架（沒錯，蝴蝶也會打架！大家常常看到幾隻蝴蝶在空中互相追逐，那可不是在玩，而是在打架。只要你仔細觀察，就會發現，有時候當一隻蝴蝶在枝條上休息時，如果有其他雄蝶靠近，牠就會起飛追逐──其實這是一隻雄蝶，而這也是雄蝶的「領域行為」。如果靠近的是同類雌蝶，牠就會翩翩起舞，大跳「求偶舞」呢，真是太現實啦）。等到下午三四點，蝴蝶們就「下班」了，找個能遮風避雨的樹葉或草叢，將就著過一晚。

其次，蝴蝶們還有很多煩心事，比如沒飯吃，沒水喝，翅膀破了，被「壞人」追，找不到另一半，天氣太熱，天氣太冷⋯⋯好多好多呢。不過牠們從不擔心親情問題和友情問題，雖然蝴蝶媽媽會生下好多孩子，這些孩子還是卵的時候可能也會聚集在一起，但牠們從來不會互相照顧。從出生那天起，牠們就各顧各了。而且因為記性不太好，牠們也沒有固定的好朋友。

不過蝴蝶們最煩、最怕的，大概就是生病了。和人一樣，蝴蝶也會生病，因為昆蟲的免疫系統不太完善，所以一旦病原微生物入侵到牠們體內，牠們就很難再好起來啦。

大多數蝴蝶的壽命並不是很長。一隻蝴蝶如果運氣好，大約能活一個月；如果運氣差就很難說了，比如牠剛剛會飛，就被鳥兒一口吞了，這種倒霉的情況也很常見。相比之下，生活在蝴蝶生態園中的蝴蝶要幸運多了，因為有人類的保護，牠們可能會活得久一點兒。

好啦，現在，你還想做一隻蝴蝶嗎？

葵藿傾陽

葵，葵花。藿，豆類植物的葉子。
葵花和豆類植物的葉子傾向太陽，
比喻一心嚮往所仰慕的人或下級
對上級的忠心。

提到太陽的「死忠粉」，你第一個想起來的，會是誰呢？

　　肯定是臉蛋又大又黃又圓的向日葵吧。

　　這種路邊地頭都能生長的神奇植物，即使是最炙熱的陽光，都不能曬退它們的熱情！相反，它們從發芽、成株、長出花苞到花盤盛開之前，每天（是的，必須每天！），向日葵的葉子和花盤（尤其是幼嫩花盤）都要扭動脖子跟著太陽轉圈圈，從東轉向西，一天一夜一刻也不停歇。

　　不過，向日葵對太陽並不是「即時追隨」，它們的指向，大約落後於太陽十二度，相當於四十八分鐘。等到太陽下山後，花盤再慢慢往回擺；次日凌晨，又朝向東方，等待太陽升起，開始新一輪的追日運動。

　　向日葵之所以能一心向太陽，全靠它們花盤下、莖幹內的「植物生長素」。

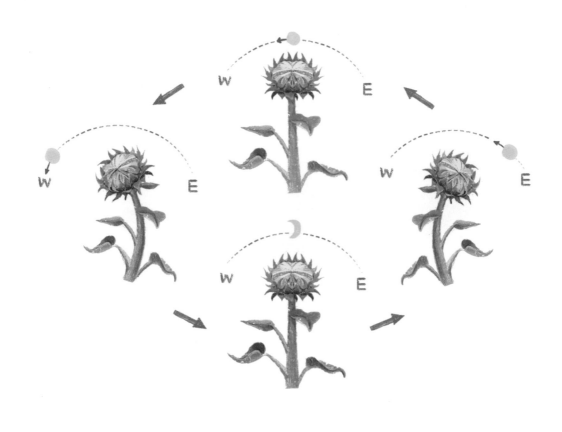

　　這些生長素，十分喜歡和太陽玩「捉迷藏」，一遇到光線照射，就會跑到背光的那一面躲起來。不過，它還有個非常重要的功能——刺激細胞生長，加速分裂、繁殖。這麼一來，你肯定就明白了，當太陽剛升起的時候，向日葵莖部的這種生長素，便馬上躲到背光的那面去，刺激這裡的細胞繁殖，讓這裡生長得更快。於是，背光面就壓過了向光面，向

日葵就慢慢的向太陽轉動。而在太陽下山後，生長素再次重新分布，向日葵就又慢慢的轉回了初始位置。

哦，還有，喜歡嗑瓜子的你知道嗎？向日葵還是個外來種呢。

雖然它們的足跡現在已經遍布地球各地，但實際上，向日葵的祖籍是美洲西部——那時候的向日葵可不像現在這樣只有一個花盤，而是擁有多個花盤。還是印第安人在 3000 多年前，把向日葵由野生植物變成了種植植物，也把它的多花冠變成了單花冠。

大約在 16 世紀，西班牙探險家將單花冠的向日葵帶到了歐洲。起初，大家種植向日葵主要是為了觀賞。後來，俄羅斯東正教將每年的四月定為齋月，規定在此期間大部分油類不能食用，但葵花籽油可以食用。於是向日葵的「業務」得以迅速拓展，很快在歐洲得到了廣泛種植。

到了明朝時期，向日葵又被帶到了中國，中國人也很快愛上了它們，不但閨房裡的太太小姐，連大老爺們都喜歡嗑瓜子。

好啦，不說啦，我也嗑瓜子去啦。

五毒俱全

「五毒」多指蠍、蛇、蜈蚣、壁虎、蟾蜍五種動物。
後指違法亂紀，各種壞事都做。

每到端午節，咱們都要幹什麼？吃粽子，划龍舟，喝雄黃酒，小孩子手腕還要綁上五色絲線。

　　端午民謠說：「端午節，天氣熱，『五毒』醒，不安寧。」古時候民間認為，農曆五月，是蠍子、蛇、蜈蚣、壁虎、蟾蜍這五種有毒的小動物活躍的時期（當然了，我們現在知道壁虎只有部分品種有小毒，根據目前的研究，這些毒也對人類無害；蛇也有無毒蛇），所以根據傳統，在端午節這天，人們還要請出「端午三友」來對付「五毒」，就是把艾草、菖蒲和大蒜綁在一起，懸在大門前，退蛇蟲，滅病菌，驅毒避邪。

　　有人可能以為這是迷信，其實不然！只要咱們一起聊聊這「端午三友」，就會忍不住對老祖宗豎起大拇指：「哇！好厲害！」

艾草

　　首先是艾草。在「端午三友」中，它因為外貌而代表「鞭子」。這種草本植物在鄉村野外很容易看到，其貌不揚。但到了端午節前後，艾草就變得醒目了，它渾身上下散發出一種特別的氣味，如果揉碎一片小小的艾草葉，氣味更是鮮明無比——這是因為它體內含有桉樹腦、艾草油、側柏酮、三萜類化合物和香豆素等化學物質，這些化學物質混合起來能夠抑制細菌、殺死病毒。

　　人們對艾草的利用簡直是淋漓盡致，用嫩葉拌菜。把艾草丟入熱水中，大夥兒泡個澡，既能清潔皮膚，也能減輕溼疹以及不明原因的皮膚瘙癢。再或者，人們還用草紙把陳年艾葉捲成團，點著之後在皮膚表面遊走燻烤。按照傳統醫學的觀念，這可以通絡驅寒、行氣活血。此外，艾草還肩負著驅蚊蟲的重任，把它的莖葉曬乾後做成艾繩，在有蚊蟲的時候拿出來燃燒，效果顯著，且汙染較低。總而言之，艾草值得擁有！

菖蒲

　　和艾草在一起的，經常有菖蒲。它有時候作為象徵驅除不祥的寶劍，和艾草同時被掛在大門上；有時候和艾草一起被丟進熱水中，泡出滾燙的洗澡水。

　　但和艾草不一樣的是，菖蒲是一種水生植物，生長在沼澤、溪邊或淺水池塘中，在中國很多地方，尤其是江南，十分常見。菖蒲可以生長多年，冬天藏在淤泥中休養生息，等到春季，匍匐蜿蜒的地下根莖又會生出新的葉子，越來越長，如同一把把長劍——一般有 30 多公分長，最長的能長到 80 公分，十分醒目。仔細聞聞，它的葉子有一股檸檬味的清香，根莖的香味尤其強烈，這主要是因為它體內含有細辛醚及少量丁香酚、黃樟素。

　　在中國傳統醫學上，菖蒲也是一味中藥，尤其是它的根，曬乾後經常用作祛風劑、芳香苦味補劑或興奮劑，用於治療消化不良及腸絞痛等。

大蒜

　　自從西漢時，張騫帶回了大蒜，這種最初被稱為「胡蒜」的植物，也不知不覺成了端午節必不可少的傢伙之一。在中國很多地方，端午節時大門上除了掛有艾草、菖蒲外，還有大蒜頭——你看，大蒜頭像不像錘子？

　　選擇大蒜，顯然也是古人們深思熟慮的結果。除了它們模樣很適合充當武器，五月還是大蒜們生長茂盛的季節，如果把它們從地下「請」出來，剝掉皮，便是白白胖胖的蒜瓣，放在嘴裡嚼一嚼，哇，味道真是令人難忘！當然，擁有大蒜素的大蒜也是值得信賴的殺菌能手，許多細菌、真菌、寄生蟲都是它們討伐的對象。

縮頭縮腦

形容畏縮不前，
或膽小不敢出頭。

「縮頭縮腦」是個特別有畫面感的成語。如果要在動物界找一個「縮頭縮腦」的代言人，恐怕許多小朋友都會馬上想到──「烏龜烏龜，縮頭烏龜嘛！」

　　確實，烏龜的樣子似乎就是這個成語的寫照：背上負殼，肚下墊甲。稍微嚇唬嚇唬，牠們就會把頭、四肢和尾巴縮進殼裡，一副「惹不起躲得起」沒出息的樣子……

　　不過呢，也不是所有的龜都看上去像個小可憐。龜鱉目是個大家族，現存 300 多種，有海裡游的海龜，還有陸上走的陸龜。其中最大的一種是革龜。牠可是大海中的游泳健將，可以長到 3 公尺長（龜殼的直徑就

TIPS
所有的烏龜都縮頭嗎？
⋯⋯⋯⋯⋯⋯⋯⋯⋯⋯⋯⋯⋯⋯⋯⋯⋯⋯⋯⋯⋯⋯⋯⋯
當然不是，海龜的頭可縮不回殼裡去。
⋯⋯⋯⋯⋯⋯⋯⋯⋯⋯⋯⋯⋯⋯⋯⋯⋯⋯⋯⋯⋯⋯⋯⋯

有 2.5 公尺左右），體重更是能達到 1 噸，賽得上 10 頭豬，連有毒的水母都是牠的口中餐。而陸龜中最大的當數加拉巴哥象龜，牠們體長 1.2 公尺，走路雖然慢，卻像踱著方步的將軍，威風凜凜。

科學家們給龜鱉目成員分大類時，採用的是一個特別有趣的標準：看牠的頭如何藏進殼中。我們見過的大多數龜，都是把脖子往後一縮──這是個什麼動作呢？其實有點兒像大白鵝「曲項向天歌」，把脖子從後往前，沿著豎直面擰成「U」字形。不過鼻子和嘴巴啊，還是衝著前方的。這樣縮頭的龜就叫「曲頸龜」。

另外一類龜就不同了。牠們的縮頭其實不是真正意義上的「縮頭」，而是扭頭。這個動作就像小姑娘跟人鬧彆扭，把脖子往旁邊一甩，再藏進殼裡。人家把頭藏進殼裡時，頭已經側過去了，根本不拿正眼看你。於是我們就叫牠們「側頸龜」。

龜甲有著明顯的防護作用。因此，古生物學家們以前認為，無論是曲頸龜還是側頸龜，牠們之所以會進化出縮頭的動作，都是為了保護自己免受外界的傷害。

不過，由一位瑞士古生物學家領導的研究小組卻不這麼想。他們手中握有 1 億 5 千萬年前的原始龜類化石——這種龜在侏羅紀晚期生活在今天的德國境內，與著名的始祖鳥比鄰而居。幾位科學家仔細觀察了牠的頸椎，發現牠雖然跟側頸龜更親，但卻能依靠最後面的三節頸椎，完成類似於曲頸龜的縮頸動作。只是這脖子只能縮一半，頭也根本沒法縮進殼中。

　　頭藏不進殼裡，這縮頭的動作哪能用來防身呢？

　　於是，科學家們參照生活於今天北美地區的擬鱷龜的習性，猜測這種古龜是擅長打埋伏戰的兇猛捕食者。牠們的縮頭動作並不是為了躲藏，而是像眼鏡蛇、鱷魚那樣，一旦認準獵物，就飛快的探頭咬住，叼住後再快速回縮，打牠個猝不及防。

　　所以你看，烏龜的祖先才不是「縮頭烏龜」，看事物可千萬不能只看表面喲。

兒童輕科普系列

生物飯店：
奇奇怪怪的食客與意想不到的食譜

史軍／主編
臨淵／著

動物的特異功能

史軍／主編
臨淵、楊嬰、陳婷／著

當成語遇到科學

史軍／主編
臨淵、楊嬰／著

花花草草和大樹，
我有問題想問你

史軍／主編
史軍／著

恐龍、藍菌和更古老的生命

史軍／主編
史軍、楊嬰、于川／著

星空和大地，藏著那麼多祕密

史軍／主編
參商、楊嬰、史軍、于川、姚永嘉／著

你也想脫離
滑世代一族嗎？

等公車、排熱門餐廳
不滑手機實在太無聊？

其實只要一本數學遊戲書就可以打
發你的零碎時間！
《越玩越聰明的數學遊戲》大小不
僅能一手掌握，豐富題型更任由你
挑，就買一本數學遊戲書，讓你的
零碎時間不再被手機控制，給自己
除了滑手機以外的另類選擇吧！

7-99 歲
大小朋友都適用！

國家圖書館出版品預行編目資料

當成語遇到科學／史軍主編；臨淵,楊嬰著.－－初版
二刷.－－臺北市：三民，2021
面； 公分.－－（科學童萌）

ISBN 978-957-14-6698-9 （平裝）
1. 科學 2. 通俗作品

307.9   108013750

當成語遇到科學

主　　編	史軍
作　　者	臨淵　楊嬰
封面設計	DarkSlayer
插　　畫	黃周節
責任編輯	陳昭榮
美術編輯	杜庭宜

發 行 人	劉振強
出 版 者	三民書局股份有限公司
地　　址	臺北市復興北路 386 號 (復北門市)
	臺北市重慶南路一段 61 號 (重南門市)
電　　話	(02)25006600
網　　址	三民網路書店 https://www.sanmin.com.tw

出版日期	初版一刷 2019 年 10 月
	初版二刷 2021 年 9 月修正
書籍編號	S300220
I S B N	978-957-14-6698-9

主編：史軍；作者：臨淵、楊嬰；
本書繁體中文版由 廣西師範大學出版社集團有限公司 正式授權